UNE CRÉATION SCIENTIFIQUE FRANÇAISE.

LE PREMIER
CONGRÈS INTERNATIONAL
DES ORIENTALISTES

PAR

JULIEN DUCHATEAU,

MEMBRE DU COMITÉ D'ORGANISATION DU 1er CONGRÈS INTERNATIONAL
DES ORIENTALISTES, ET MEMBRE DU CONGRÈS DE LONDRES,
MEMBRE DU CONSEIL DE LA SOCIÉTÉ D'ETHNOGRAPHIE,
SECRÉTAIRE DE L'ATHÉNÉE ORIENTAL, ETC.

E pur si muove.

PARIS

DENTU; LIBRAIRE,
GALERIE D'ORLÉANS, PALAIS ROYAL;

Mme Vve BOUCHARD-HUZARD,
5, RUE DE L'ÉPERON;

ET CHEZ L'AUTEUR, 49, RUE DES POISSONNIERS.

Mai 1874.

LE PREMIER

CONGRÈS INTERNATIONAL DES ORIENTALISTES

A PARIS, EN 1873.

I

Les Congrès internationaux d'anthropologie et d'archéologie pré-historiques, dus à l'initiative d'un savant français,
M. Gabriel Mortillet, et dont la première réunion a eu lieu
en 1866, à Neuchâtel (Suisse), ont déjà rendu des services
signalés aux études relatives aux temps archaïques de l'histoire de l'homme. Ils ont fait plus, ils ont élevé ces études,
qui, naguère encore, n'étaient accueillies des savants offi-
ciels qu'avec le sourire de l'incrédulité, à la hauteur d'une
science certaine, autonome, je dirais presque populaire.
Toutes les nations éclairées se sont fait un devoir de parti-
ciper à ces Congrès, et toutes ambitionnent l'honneur d'en
réunir les membres dans une de leurs cités. Après la Suisse,
cet honneur a été accordé à la France, à l'Angleterre, au
Danemark, à la Belgique ; il le sera, l'année prochaine, à la
Suède, où le Congrès aura pour Président le souverain lui-
même de ce royaume.

Ces Congrès ont valu à la science un autre avantage dont
on avait tort de ne pas tenir compte. Les princes et les
peuples ont appris à vénérer les savants et à les seconder du
concours de leur puissance. N'est-ce pas, en effet, la con-
sidération qui vient tout naturellement à l'esprit, lorsqu'on
voit, au dernier Congrès de Bruxelles, deux rois, — deux

rois éclairés, il est vrai, — le roi de Danemark et le roi de Suède, accréditer des agents pour les représenter près d'une Assemblée d'hommes de science, et une Municipalité d'Italie, celle de Bologne, envoyer des Délégués pour remettre à quelques-uns des membres les plus zélés le titre de Citoyen de leur Ville ?

Et cependant, cette grande œuvre des Congrès pré-historiques n'avait point pour promoteurs des fonctionnaires puissants, des savants patentés. Un homme de mérite, mais sans uniforme brodé et sans décorations, avait eu l'idée de ce Congrès. Il communique cette idée à une modeste Société savante italienne, la *Société des sciences naturelles*. Cette Société en comprend de suite l'avenir et la portée. Sans amour-propre national mal placé, avec cette bienveillance qui caractérise les véritables savants et les invite à s'associer à toute œuvre utile, sans s'informer des brevets académiques de son auteur, elle assure M. Mortillet de son appui, de son concours effectif. Les Congrès internationaux d'archéologie pré-historiques sont fondés : leur durée est garantie par le concours de toute la science européenne.

Le Congrès international des Orientalistes, qui a tenu sa première session à Paris, du 1er au 11 septembre dernier, doit également son origine à une initiative toute française, et au dévouement de quelques hommes éclairés, qui ont eu surtout le mérite de croire qu'on pouvait encore faire quelque chose en France sans s'être reposé préalablement dans un fauteuil d'immortel, et sans s'être assuré la haute protection du gouvernement.

L'idée première de ce Congrès appartient à M. le professeur Léon de Rosny, Fondateur des Études Japonaises en France, et l'un de nos sinologues les plus autorisés : son développement, sa réalisation, M. de Rosny le doit au précieux concours d'un Comité national organisé par ses soins, et en tête duquel il est juste de citer surtout M. le capitaine du Génie Le Vallois, orientaliste, MM. Édouard Madier de Montjau, voyageur dans l'extrême Orient, et de Zélinski.

Suivant la pensée du fondateur, le premier Congrès des Orientalistes devait s'occuper particulièrement des Études Japonaises, et, subsidiairement, de toutes les autres branches des Études orientales. Vingt et une séances de jour et de nuit, également bien remplies, une splendide exposition des Beaux-Arts de l'extrême Orient due aux soins de MM. de Longpérier, membre de l'Institut, et M. Cernuschi, voyageur, revenu de cette Contrée Asiatique. Tels sont les principaux articles inscrits à l'avoir de cette grande entreprise internationale approuvée par la municipalité de Paris.

On comprendra qu'il ne nous est point possible de rendre un Compte détaillé des innombrables matériaux réunis dans ces vingt et une séances, et dont la publication française fournirait au besoin la copie nécessaire à trois gros volumes in-8. Ces matériaux seront condensés dans un fort volume orné de gravures et imprimé avec le concours de toutes sortes de caractères orientaux. Au point de vue de l'érudition, les travaux du Congrès auront, entre autres mérites, celui de protester contre l'envahissement du charlatanisme dans les études orientales, et de montrer comment la science libre et jeune entend continuer en France la grande tradition des Silvestre de Sacy, des Quatremère, des Champollion et des Eugène Burnouf; cette tradition qui veut qu'un orientaliste ne soit pas seulement un traducteur public, mais un homme qui joigne à la solide connaissance d'un idiome asiatique l'esprit de divination philologique qui déchire les voiles de l'inconnu, et l'esprit philosophique qui donne la raison des choses.

II

Les travaux du Congrès des Orientalistes ont été ouverts dans le grand amphithéâtre de la Sorbonne, sous la présidence de M. l'amiral Roze, membre du Comité national d'organisation, et ancien chef de l'Expédition française au Japon et en Corée. — Cette séance solennelle, au début de laquelle contribuait l'excellente musique de la 2e légion de la Garde républicaine, conduite par le célèbre Sellénick, a été consacrée à une distribution de récompenses accordées aux ouvriers qui ont rendu des services importants par la typographie aux Études orientales.

La séance de l'après-midi était présidée par M. Samésima, ambassadeur du Mikado du Japon, à Paris. Le jeune et intelligent diplomate a prononcé, à cette occasion, un discours composé dans un excellent français, et dans lequel il insistait sur le précieux concours que le Congrès était appelé à prêter à son pays, en s'occupant d'établir un alphabet européen, à l'aide duquel il serait possible d'écrire le japonais et d'acquérir plus vite des connaissances inconnues.

« Nous posons ici, en ce moment, a dit, en terminant, M. Samésima, les fondations d'une Association mutuelle pour le bien de tous; mais je ne crois pas que je puisse être accusé d'égoïsme si j'avoue franchement que j'espère que mon pays profitera plus que l'Europe de votre travail, car nous avons plus besoin de votre secours que vous n'en avez du nôtre. »

L'ordre du jour appelait la discussion sur les questions relatives aux plus anciens monuments de la civilisation Japonaise. M. de Rosny a montré l'utilité de déterminer des époques précises dans les recherches sur l'archéologie du Japon. La première, dite *Kourilienne* ou *pré-historique*, comprenant l'âge durant lequel les Aïnos occupaient la plus grande partie de la contrée, sinon la totalité de l'île de Nippon, et se terminant à l'arrivée, dans cette île, du conquérant Zinmou. Cette période doit être considérée comme étrangère à l'histoire japonaise proprement dite, car l'empereur Zinmou était un nouveau venu, un étranger dans la grande île de l'Asie orientale, et les dieux des ancêtres étaient des dieux étrangers à toute cette contrée asiatique.

La seconde période, dite *proto-yamatéenne* ou *semi-historique*, date de l'établissement de Zinmou dans le pays de Yamato (667 ans avant J. C.), et se termine à l'arrivée, dans ce pays, d'une ambassade du prince Coréen de Amana, laquelle établit pour la première fois des relations entre les Japonais et les habitants de la terre ferme (35 avant J. C.).

La discussion s'est alors engagée sur l'existence très-contestable d'un âge de la pierre, au Japon. MM. J. Duchâteau et E. Madier de Montjau ont critiqué les faits signalés jusqu'à présent sur cet âge, et MM. Nomura (indigène), Paul Ory, J. Sarazin et L. de Zélinski ont traité des bijoux dits *magatamas* et *kinkouans,* dont les anciens tombeaux japonais fournissent de si nombreux spécimens. Ils se sont ensuite efforcés de préciser l'usage de ces bijoux, dont l'origine Aïno paraît avoir été admise par l'Assemblée.

Après quelques communications sur les anciens bronzes, au point de vue de l'art, par MM. de Longpérier, Geslin et Sarazin, M. de Zélinski a traité du nom des couleurs chez les Japonais. Ces intelligents Orientaux voient les couleurs tout autrement que nous : les points verts leur paraissent bleus (et *vice versâ*). Ils appellent *jaune-clair* la couleur azurée du firmament. M. Silbermann et Mme Clémence

Royer ont cherché à expliquer, par des arguments empruntés à l'anatomie et à la physique, les singulières particularités philologiques relatives aux couleurs qui étaient exposées au Congrès.

III

La séance du mardi matin a été l'une des plus importantes, bien qu'elle n'ait point eu pour le public l'attrait de la plupart des autres réunions.

Il s'agissait d'établir une entente entre les Japonais d'une part, et les japonistes des divers pays de l'Europe d'autre part, à l'effet d'adopter un mode unique de transcription des textes japonais en lettres européennes.

On sait que l'écriture japonaise, qualifiée, par les anciens missionnaires, d'*artifice diabolique contre les Ministres de l'Évangile*, est une des écritures les plus compliquées du monde. L'écriture des anciens Assyriens et des Babyloniens est d'une simplicité exemplaire à côté de celle du Nippon. Avec toutes les formes cursives de ses signes, c'est par centaines de mille qu'il faut compter les caractères de cette étonnante calligraphie qui surpasse celle de la langue chinoise.

La question abordée par le Congrès n'était pas seulement une question d'alphabet. Il s'agissait, pour arriver à un résultat sérieux, de trancher toutes sortes de questions de lexicographie et de grammaire. Aussi est-ce seulement après trois séances, dont une de nuit, que le Congrès a pu considérer son projet comme réalisé. C'était un tableau vraiment intéressant que de voir, dans une assemblée d'Orientalistes venus de toutes les contrées du monde, discuter, jusqu'à près de minuit, avec une animation toujours soutenue par de solides arguments, ces problèmes minutieux de linguistique au milieu du grand amphithéâtre de la Sorbonne, *pavoisé* de différents faisceaux de drapeaux tricolores français et éclairé *a giorno* pour la circonstance. Les résultats obtenus dans ces réunions, où s'est particulièrement signalé M. le capitaine du Bousquet, interprète de la légation de France à Yedo, seront certainement au nombre de ceux qui feront le plus honneur au Congrès de 1873, à Paris, et qui feront faire un grand pas de plus à la science philologique et à l'orientalisme.

IV

La séance de l'après-midi avait d'ailleurs obtenu un légitime succès, et intéressé la nombreuse assemblée qui s'y était rendue. Le Congrès avait eu à traiter de l'organisation politique, économique et commerciale du Japon.

M. Ed. Madier de Montjau, qui, pendant plusieurs années de séjour en Chine et au Japon, a fait une étude toute spéciale des ressources de ces deux pays, a enfin, avec une rare lucidité, exposé la véritable situation actuelle de l'extrème Orient, tant en elle-même qu'au point de vue des intérêts européens qui y sont engagés. Il a d'abord exposé l'historique des transformations qui se sont opérées dans le système politique et social du Japon, depuis la célèbre expédition du commodore Perry, en 1852, qui ouvrit au commerce étranger plusieurs ports de cet empire d'une part, et depuis le renversement du pouvoir des Taïkouns, ou Maires du Palais, d'autre part. Le gouvernement japonais a toujours été, plus ou moins, un gouvernement anonyme. Personne, dans l'État, ne veut y prendre formellement la responsabilité d'aucune décision.

Les ordres écrits sont de toute rareté dans ce singulier

pays. Sous la domination des Taïkouns, on feignait de considérer le Mikado comme le véritable souverain, bien qu'il fût relégué dans une sorte d'emprisonnement somptueux, où il ne prenait aucune part aux affaires du royaume.

Et cependant le Taïkoun, qui avait substitué son autorité à celle du Mikado, ne gouvernait pas encore par lui-même.

Il y avait à Yedo un Conseil secret, qui rappelait le célèbre CONSEIL des DIX de la République de Venise, et ce Conseil, ou quelqu'un de ses Membres, avait toute l'initiative des mesures politiques. Sous la domination actuelle du Mikado, réintegré sur le trône que ses ancêtres avaient occupé plus de vingt-quatre siècles, il semble que le même système doive toujours prévaloir. Au milieu des innombrables engrenages d'un gouvernement qui se modifie sans cesse, qui crée de nouvelles lois sans avoir l'intention de rapporter les anciennes, qui semble encourager des réformes aujourd'hui pour les condamner demain, qui se montre disposé à détruire toutes les institutions du passé sans dire, et probablement sans savoir, quelles doivent être celles de l'avenir ; au milieu de cette incroyable *tohu-bohu* d'une nation qui court fiévreusement dans un champ illimité de révolutions, au gré de l'imprévu et du hasard, on cherche vainement quel est le rouage principal qui donne le mouvement à cette grande machine déréglée.

Prévoir ce qu'il adviendra de cet incroyable bouleversement social est chose impossible à tous égards. Que dire, en effet, d'un peuple qui renonce à quelques joies, à toutes les coutumes, à toutes les institutions de ses pères, qui vend à l'enchère ses temples et ses dieux, qui se fait gloire de proclamer toutes les extravagances politiques de l'Occident qu'il prétend vouloir imiter dans ses tendances *les plus avancées,* qui, par l'organe de ses représentants les plus distingués, fait l'éloge de toutes nos protestations antireligieuses, sans chercher à se créer au moins une philosophie, qui parle avec une sorte de satisfaction approbative des *doctrines* de notre Commune révolutionnaire? Cela surprend !

Ce que l'on peut dire, c'est que le Japon offre, en ce moment, à l'historien philosophe, un tableau essentiellement original, et dont les annales du passé lui fourniraient difficilement quelques traces. Si l'on ajoute que cet incroyable mouvement de transformation sociale est secondé par une presse bien active et par toute une littérature aussi féconde que possible, on acquerra du moins la certitude que peu de pays sont plus intéressants à étudier aujourd'hui que cet archipel révolutionnaire de l'extrême Orient.

Nous ne saurions rapporter ici, sans dépasser de beaucoup les limites que doit avoir cet article, les intéressantes et bien savantes discussions qui se sont élevées au sein du premier Congrès des Orientalistes, sur les questions relatives à l'Armée, à la Marine, à la Magistrature, à l'Administration et au Commerce du Japon.

On nous permettra seulement de citer les communications qui ont été faites sur le développement de l'Instruction publique et sur la condition de la femme dans l'Empire du Japon.

M. le capitaine Albert du Bousquet, secrétaire-interprète de la Légation de France à Yedo, a vivement intéressé l'auditoire en montrant les louables efforts du gouvernement japonais pour répandre l'instruction dans toutes les classes de la population.

Les études chinoises, qui tenaient au Japon la place qu'occupent les études grecques et latines en Europe, sont de jour en jour plus négligées. Dans un temps assez prochain, elles disparaîtront complétement du programme des études indigènes.

En revanche, les langues et les sciences européennes y sont en grande faveur. Le hollandais fut, pendant long-temps, la seule langue qui fut connue par la grande majo-rité des interprètes japonais. Depuis l'ouverture du Japon, l'anglais est devenu l'idiome le plus étudié par ce dernier. Le français, qui commençait à entrer en faveur, a perdu beaucoup de son importance aux yeux des indigènes depuis nos derniers désastres, et l'allemand, qu'on n'étudiait point à Yedo, a été abordé par de nombreux élèves. Une circonstance singulière a suffi, cependant, chez ces Orien-taux au caractère si mobile, pour rendre à notre langue une partie au moins de ses prérogatives.

Lors de la visite, au Japon, du fils de l'Empereur de Rus-sie, le corps consulaire se réunit et chargea le plus ancien de ses membres de porter la parole, en son nom, pour souhaiter au Prince héritier la bienvenue sur le sol de Yo-kohama.

Or cet honneur échut au Consul général de Prusse, qui prononça, à l'arrivée du Czarewitch, un beau discours en langue germanique. Lorsqu'il eut achevé son *speech*, le Prince lui répondit, en français, à peu près dans ces termes : « Je vous remercie, Monsieur le Consul, des paroles très-vraisemblablement gracieuses que vous venez de m'adres-ser ; je regrette de n'avoir pas pu les comprendre, car je ne sais pas l'allemand. »

Cette réponse frappa l'esprit des Japonais, et, comme de grands enfants, on les vit, en foule, courir chez les libraires pour acheter toutes les grammaires et les dictionnaires français qu'on pouvait y rencontrer.

Le soir même, on eût vainement cherché à se procurer

un exemplaire quelconque de ces ouvrages dans la localité.

Tout le monde apprenait le français ! ! !

Un savant orientaliste polonais, M. Baumfeld, s'appuyant sur la condition de la femme au Japon, cherche à démontrer qu'une civilisation qui fait si bon marché de toutes ses croyances religieuses est une civilisation profondément immorale. Il cite, à l'appui de son opinion, cette habitude qu'ont les femmes japonaises de prendre des bains en public, devant leurs habitations, sans pudeur aucune et sans se préoccuper le moins du monde des conséquences d'une aussi incroyable coutume. Il cita ensuite la débauche raffinée du *sin-yosiwara* et le scepticisme qui caractérise à peu près, sans exception, tous les lettrés japonais qui sont venus visiter l'Europe.

M. Albert du Bousquet répondit que son long séjour parmi toutes les classes de la population du Nippon lui permettait de protester hardiment contre cette accusation d'immoralité entraînant tout un peuple. M. de Rosny a rappelé l'opinion de saint François-Xavier qui disait : « En vérité, les Japonais sont les délices de mon cœur », et M. l'amiral Roze, qui a été à même de mettre en parallèle, *de visu*, les civilisations voisines du Japon, de la Corée et de la Chine, a soutenu que l'avantage appartenait incontestablement à celle du premier de ces pays. Quant à la femme japonaise, loin de voir, dans la pratique qu'on lui reproche, une preuve de dévergondage, il y fait, au contraire, y trouver un témoignage de la simplicité toute primitive de son caractère. « La femme japonaise, a-t-il dit, est une Ève avant le péché ! »

Dans une prochaine brochure, nous rendrons compte des travaux du Congrès relatif à l'Ethnographie, à l'Histoire, aux Sciences, à l'Industrie et à la Sériciculture des Japonais.

Puis nous aborderons l'examen des études que cette grande
Assemblée internationale a entrepris dans le domaine des
autres branches de la littérature orientale ; nous termine-
rons, enfin, par une appréciation générale sur l'esprit qui
a présidé aux discussions de ce Congrès et sur les résultats
qu'il aura réalisés dans le vaste cadre d'investigation tracé
par les savants organisateurs.

PUBLICATIONS DE L'ATHÉNÉE ORIENTAL

En vente, au Bureau de la Société ouvert les mardis,

ET CHEZ MAISONNEUVE ET Cⁱᵉ

LIBRAIRES DE LA SOCIÉTÉ, 15, QUAI VOLTAIRE.

BULLETIN DE L'ATHÉNÉE ORIENTAL. 1ʳᵉ série, 1868-70. Deux volumes in-8°, avec planches; reliés en demi-maroquin.　　　　　　　　　　　　　25 fr. »

— 2ᵉ série (en cours de publication); chaque vol.　12 fr. 50

MÉMOIRES DE L'ATHÉNÉE ORIENTAL, in-4° avec planches en couleur, photolithographies, gravures, cartes et vignettes; papier vergé; chaque volume.　　　50 fr. »

VARIÉTÉS ORIENTALES, historiques, géographiques, scientifiques et littéraires, par LÉON DE ROSNY. *Paris*, 1867, un vol. in-8°.　　　　　　　　　　　　　6 fr. »

GRAMMAIRE GÉNÉRALE INDO-EUROPÉENNE, ou comparaison des langues grecque, latine, française, gothique, allemande, anglaise et russe entre elles et avec le sanscrit; suivie d'extraits de poésies indiennes, par F. G. EICHHOFF. *Paris*, 1869; in-8°.　　　　　　　6 fr. 50

DICTIONNAIRE DES SIGNES IDÉOGRAPHIQUES DE LA CHINE, avec leur prononciation usitée au Japon, accompagné de la liste des signes idéographiques particuliers aux Japonais, d'une table des caractères cycliques et numériques, d'un index géographique et historique, d'un glossaire japonais-chinois des noms propres de personnes, par LÉON DE ROSNY. *Paris*, 1867; in-8°.　　　20 fr. »

LI-SAO, poëme du IIIᵉ siècle avant notre ère, traduit du chinois, accompagné d'un commentaire perpétuel et publié avec le texte original, par le marquis D'HERVEY DE SAINT-DENYS. *Paris*, 1870; in-8°.　　　　　10 fr. »

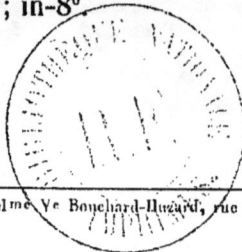

Paris. — Imprimerie de Mᵐᵉ Ve Bouchard-Huzard, rue de l'Éperon, 5.

www.ingramcontent.com/pod-product-compliance
Lightning Source LLC
Chambersburg PA
CBHW050408210326
41520CB00020B/6506